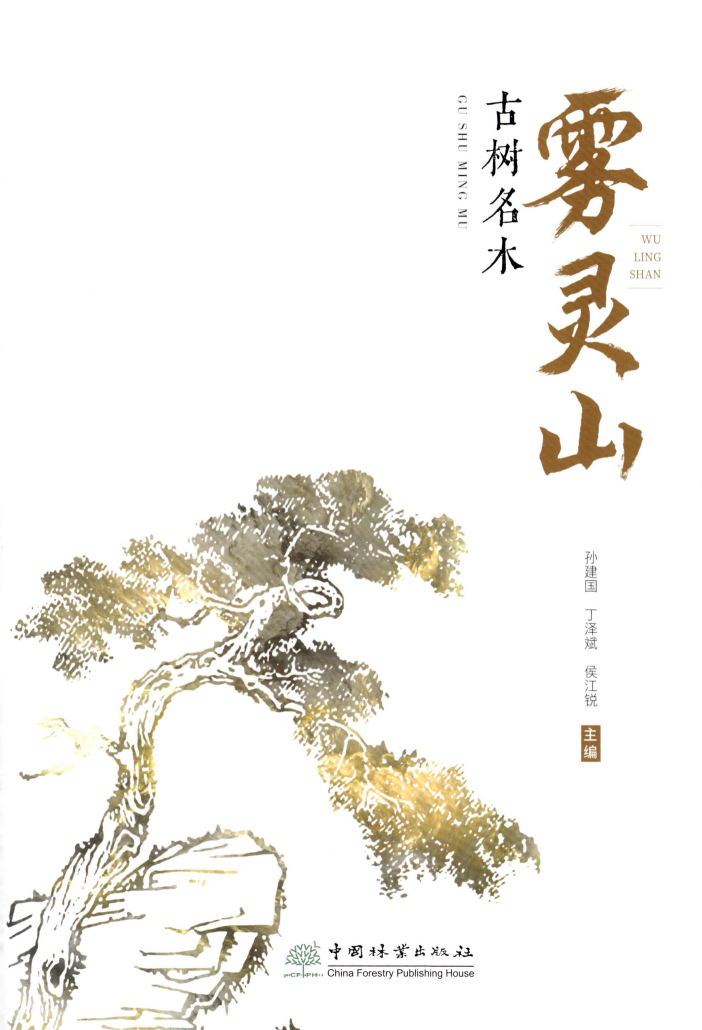

雾灵山 古树名木

GU SHU MING MU

WU LING SHAN

孙建国　丁泽斌　侯江锐　主编

中国林业出版社
China Forestry Publishing House

图书在版编目(CIP)数据

雾灵山古树名木 / 孙建国, 丁泽斌, 侯江锐主编. -- 北京: 中国林业出版社, 2025.4
ISBN 978-7-5219-2479-4

Ⅰ.①雾… Ⅱ.①孙…②丁…③侯… Ⅲ.①树木—介绍—兴隆县 Ⅳ.①S717.222.4

中国国家版本馆CIP数据核字(2023)第243681号

总 策 划：孙 伟 张永峰
责任编辑：肖 静 邹 爱
装帧设计：北京抱一启航传媒科技有限公司
————————————
出版发行：中国林业出版社
　　　　　（100009，北京市西城区刘海胡同7号，电话83143577）
电子邮箱：cfphzbs@163.com
网　址：http://www.cfph.net
印　刷：北京盛通印刷股份有限公司
版　次：2025年4月第1版
印　次：2025年4月第1次印刷
开　本：889mm×1194mm　1/16
印　张：9.75
字　数：150千字
定　价：68.00元

编委会

主　编： 孙建国　丁泽斌　侯江锐

副主编： 孙福江　牛　浩　项亚飞　马小欣　孙　伟

参　编：（按姓氏笔画排名）

　　　　　于　杰　于　跃　于晓红　于海涛　马　林　马秀琴　马泽平
　　　　　马葆坤　王　水　王　冉　王　军　王　波　王　蕊　王伟佳
　　　　　王孜旋　王秋娟　王晓宇　王晓军　王晓杰　王圆圆　王海越
　　　　　艾大伟　左树锋　卢云云　冯学全　达瓦卓嘎　师　奇　曲亚辉
　　　　　刘　洋　刘长艳　刘彦泽　刘滋涵　关利军　孙　远　孙杰臣
　　　　　孙晓一　孙晨阳　李林茜　李国忠　李俊杞　李起业　杨　昆
　　　　　杨　野　杨丽晓　谷亚姝　张　红　张泽国　张宝华　张思雨
　　　　　张艳侠　张海江　张焱焱　张薇薇　陆　鹏　陈云飞　陈怡妍
　　　　　陈彩霞　苗雨飞　周子晴　孟文茹　孟祥普　赵　明　赵　娱
　　　　　赵　鹏　赵　鑫　赵粟钰　赵景松　胡玉雪　钟林娟　姜云天
　　　　　姜玲玲　贺艳利　夏秦超　晁文杰　高　鹏　郭文增　郭建刚
　　　　　郭宾良　郭鸿菁　黄晴晴　曹　成　崔华蕾　梁　恒　程　达
　　　　　程　伟　程欣然　程雅琪　谭艳梅　樊晓亮　樊翠丽　魏　巍

摄　影： 王　力　李国辉

前 言

古树名木是森林资源中的瑰宝，具有重要的生态、历史、文化、科学、景观和经济价值。古树指树龄在100年以上的树木，其中，100~299年属三级保护古树，300~499年属二级保护古树，500年及以上属一级保护古树；名木指在社会上有重大影响的中外历史名人所植或者具有重要历史、文化价值及纪念意义的树木，名木不受树龄限制，均实行一级保护。

我国幅员辽阔，历史悠久，自然文化遗产丰富。百年以上树龄的树木、稀有树木、珍贵树木，具有历史价值和重要纪念意义的树木等古树名木是自然界和前人留下来的珍贵遗产，是不可再生的物种资源、森林资源、景观资源、生态资源和历史资源，是有生命的文物。

河北雾灵山国家级自然保护区位于河北省兴隆县北部，地处北京、天津、唐山和承德4地中间，属森林生态系统类型自然保护区。保护区总面积14246.9公顷，保护区内生物资源丰富，生态系统复杂多样。保护区的主要保护对象是"温带森林生态系统和猕猴分布北限"。雾灵群山的"高、峻、险、奇"，雾灵林海的"碧、艳、幽、馨"，雾灵秀水的"清、丽、甘、柔"，使雾灵山可以被称为"活的自然博物馆"。

以习近平同志为核心的党中央高度重视古树名木保护。自2015年开始，为进一步摸清全国古树名木分布和保护管理情况，全国绿化委员会在全国范围内组织开展了第二次古树名木资源普查。2015年4月，中共中央、国务院印发《关于加快推进生态文明建设的意见》，要求"切实保护珍稀濒危野生动植物、古树名木及自然生境"。2016年，国家林业局陆续制定了《古树名木鉴定规范》和《古树名木普查技术规范》等行业标准。2019年，全国人民代表大会常务委员会修订《中华人民共和国森林法》，将保护古树名木列为专门条款，成为国家依法保护古树名木的里程碑。为进一步加强管理，2023年5月30日，河北雾灵山国家级自然保护区管理中心组织开展了古树名木调查工作，摸清保护区古树名木资源状况。

河北雾灵山国家级自然保护区共有古树3955株，其中，单株古树587株；划定古树群91个，古树3368株。3955株古树中，一级3株，二级19株，三级2838株。这些古树隶属10科15属。单株古树中胡桃楸59株、白桦47株、坚桦9株、硕桦24株、黑桦1株、紫椴1株、蒙古栎95株、秋子梨2株、花楸树5株、臭冷杉6株、华北落叶松75株、油松65株、青杆40株、白杆17株、元宝槭38株、旱柳4株、黄花柳2株、山杨18株、香杨69株、裂叶榆9株、黄檗1株。古树群中胡桃楸古树群6个、坚桦古树群3个、硕桦古树群2个、蒙古栎古树群1个、臭冷杉古树群2个、华北落叶松古树群7个、油松古树群46个、云杉属古树群9个、元宝槭古树群2个、山杨古树群3个、香杨古树群9个、裂叶榆古树群1个。

　　《雾灵山古树名木》收录了74株古树和8个古树群，系统、真实地反映了雾灵山古树名木资源、种类、特征等状况，是研究和保护雾灵山古树名木的参考书，对雾灵山的自然环境、文化传承和生态发展都有着积极的影响，也对深入贯彻落实习近平生态文明思想，弘扬生态文化产生重要意义。因编者专业水平有限，书中恐存疏漏与不足，敬请各位读者不吝指正，以臻完善。

目 录

前　言

油松 ·· 02
- ◎ 13082200043——油松（不老松）······ 05
- ◎ 13082200064——油松（破石惊天）······ 06
- ◎ 13082200077——油松（傲骨青松）······ 07
- ◎ 13082200078——油松（傲骨青松）······ 07
- ◎ 金雕崖油松古树群 ································· 08
- ◎ 冰冷沟油松古树群 ································· 09

华北落叶松 ·· 11
- ◎ 13082200146——华北落叶松 ············ 14
- ◎ 13082200186——华北落叶松 ············ 15
- ◎ 13082200201——华北落叶松 ············ 16
- ◎ 13082200204——华北落叶松 ············ 17
- ◎ 13082200211——华北落叶松 ············ 18
- ◎ 13082200384——华北落叶松 ············ 19
- ◎ 13082200385——华北落叶松 ············ 20
- ◎ 13082200388——华北落叶松 ············ 21
- ◎ 13082200577——华北落叶松（龙角松）
  ··· 22
- ◎ 13082200578——华北落叶松（沧桑松）
  ··· 23
- ◎ 13082200579——华北落叶松（仙鹤松）
  ··· 24
- ◎ 13082200584——华北落叶松（藏龙松）
  ··· 24
- ◎ 顶峰华北落叶松古树群 ························ 25

蒙古栎 ·· 27
- ◎ 13082200059——蒙古栎（柞树王）······ 30
- ◎ 13082200065——蒙古栎（乌龙盘石）··· 31
- ◎ 13082200074——蒙古栎（蛟龙探海）··· 32
- ◎ 13082200141——蒙古栎 ······················ 34
- ◎ 13082200229——蒙古栎 ······················ 35

香杨 ·· 37
- ◎ 13082200092——古香杨（京东第一香杨）
  ··· 40
- ◎ 13082200100——香杨 ·························· 42
- ◎ 13082200102——香杨 ·························· 43
- ◎ 13082200104——香杨 ·························· 44
- ◎ 13082200108——香杨 ·························· 46
- ◎ 13082200113——香杨 ·························· 47
- ◎ 13082200119——香杨 ·························· 48
- ◎ 13082200126——香杨 ·························· 49
- ◎ 13082200127——香杨 ·························· 50
- ◎ 13082200134——香杨 ·························· 51
- ◎ 13082200221——香杨 ·························· 52
- ◎ 13082200255——香杨 ·························· 53
- ◎ 13082200318——香杨 ·························· 54
- ◎ 13082200320——香杨 ·························· 55
- ◎ 十八潭香杨古树群 ································· 56

山杨 ·· 59
- ◎ 13082200294——山杨 ·························· 63
- ◎ 13082200303——山杨 ·························· 64

◎ 13082200326——山杨 ………………… 65

元宝槭 … 67
◎ 13082200137——元宝槭 ……………… 70
◎ 13082200214——元宝槭 ……………… 71
◎ 13082200256——元宝槭 ……………… 72
◎ 13082200263——元宝槭 ……………… 73
◎ 13082200308——元宝槭 ……………… 74
◎ 13082200319——元宝槭 ……………… 75
◎ 13082200398——元宝槭 ……………… 76
◎ 13082200401——元宝槭 ……………… 77
◎ 仙人塔沟——莲花池宾馆元宝槭古树群
　……………………………………………… 78

胡桃楸 … 81
◎ 13082200165——胡桃楸 ……………… 84
◎ 13082200267——胡桃楸 ……………… 85
◎ 13082200283——胡桃楸 ……………… 86
◎ 13082200288——胡桃楸 ……………… 87
◎ 十八潭胡桃楸古树群 ………………… 88

坚桦 … 91
◎ 13082200182——坚桦 ………………… 94
◎ 13082200258——坚桦 ………………… 96
◎ 13082200259——坚桦 ………………… 97

硕桦 … 99
◎ 13082200205——硕桦 ………………… 102
◎ 13082200216——硕桦 ………………… 103
◎ 13082200402——硕桦 ………………… 104
◎ 13082200404——硕桦 ………………… 105
◎ 13082200408——硕桦 ………………… 106

◎ 13082200409——硕桦 ………………… 107
◎ 13082200425——硕桦 ………………… 108
◎ 白草洼硕桦古树群 …………………… 109

白桦 … 111
◎ 13082200260——白桦 ………………… 114
◎ 13082200315——白桦 ………………… 115
◎ 13082200369——白桦 ………………… 116

裂叶榆 … 119
◎ 13082200237——裂叶榆 ……………… 122
◎ 13082200240——裂叶榆 ……………… 123
◎ 13082200418——裂叶榆 ……………… 124
◎ 白草洼裂叶榆古树群 ………………… 125

黄檗 … 127
◎ 13082200271——黄檗 ………………… 129

花楸树 … 131
◎ 13082200371——花楸树 ……………… 135

白杆 … 137
◎ 13082200191——白杆 ………………… 140
◎ 13082200389——白杆 ………………… 141

青杆 … 143
◎ 13082200188——青杆 ………………… 144
◎ 13082200230——青杆 ………………… 145
◎ 13082200395——青杆 ………………… 146
◎ 13082200432——青杆（忍者）……… 147

参考文献 … 148

油松

油松

科属：松科 松属
学名：*Pinus tabuliformis* Carriere
别名：巨果油松

形态特征： 乔木。高达25米，胸径可达1米以上。树皮灰褐色或红褐色。一年生枝较粗，淡红褐色或淡灰黄色，无毛，幼时微被白粉；冬芽圆柱形，红褐色。叶二针一束，粗硬。雄球花圆柱形，长1.2～1.8厘米，在新枝下部聚生成穗状。球果卵形或圆卵形，长4～9厘米，有短梗，向下弯垂，成熟前绿色，熟时淡黄色或淡褐黄色，常宿存树上近数年之久；中部种鳞近矩圆状倒卵形，长1.6～2厘米，宽约1.4厘米，鳞盾肥厚、隆起或微隆起，扁菱形或菱状多角形，横脊显著，鳞脐凸起有尖刺；种子卵圆形或长卵圆形，淡褐色有斑纹，长6～8毫米，径4～5毫米，连翅长1.5～1.8厘米；子叶8～12枚，长3.5～5.5厘米；初生叶窄条形，长约4.5厘米，先端尖，边缘有细锯齿。

生长环境： 油松为喜光、深根性树种，喜干冷气候，在土层深厚、排水良好的酸性、中性或钙质黄土上均能生长良好。

分布范围： 我国特有树种，分布于吉林（南部）、辽宁、河北、河南、山东、山西、内蒙古、陕西、甘肃、宁夏、青海及四川等地，生于海拔100～2600米地带，多组成单纯林。其垂直分布由东到西、由北到南逐渐增高。辽宁、山东、河北、山西、陕西等地有人工林。

◎ 13082200043[①]——油松（不老松）

位于中古院的云海观景亭处，树龄104年，三级古树，树高6米，胸径38厘米，冠幅6.7米×7米。因其在石头缝隙之间顽强生存，故名"不老松"。

注：①编号前6位是行政区域代码，后5位是古树序号。

◎ 13082200064——油松（破石惊天）

位于中古院的树石奇观处，树龄81年，树高14米，胸径28.5厘米，冠幅6米×5米。因其破石而出直冲云天，故称"破石惊天"。

◎ 13082200077——油松（傲骨青松）

位于中古院的树石奇观处，树龄81年，树高8米，胸径31.1厘米，冠幅7米×8米。因树干从巨石缝隙中长出，直冲云天，故称"傲骨青松"。

◎ 13082200078——油松（傲骨青松）

位于中古院的树石奇观，树龄83年，树高8米，胸径35.5厘米，冠幅6米×9米。因树干从巨石缝隙中长出，直冲云天，故称"傲骨青松"。

◎ 金雕崖油松古树群

位于金雕崖观景亭处,面积1.8公顷,古树157株,平均树龄276年,平均树高6.8米,平均胸径24厘米,郁闭度0.65。金雕崖海拔1400～1576米,这些古树立于悬崖绝壁之上,笔直挺拔,直插云天。

◎ 冰冷沟油松古树群

位于冰冷沟处,面积1.39公顷,古树85株,平均树龄184年,平均树高3米,平均胸径16厘米,郁闭度0.3。这些古树生长在冰冷沟悬崖岩石的缝隙之中,恰似与石壁争锋,向人们诉说着它顽强的生命力。

华北落叶松

华北落叶松

科属：松科 落叶松属
学名：*Larix gmelinii* var. *principis-rupprechtii* (Mayr) Pilger
别名：落叶松

形态特征：落叶乔木。高达30米，胸径1米。树皮暗灰褐色，不规则纵裂，成小块片脱落。枝平展，具不规则细齿。苞鳞暗紫色，近带状矩圆形，长0.8～1.2厘米，基部宽，中上部微窄，先端圆截形，中肋延长成尾状尖头，仅球果基部苞鳞的先端露出；种子斜倒卵状椭圆形，灰白色，具不规则的褐色斑纹，长3～4毫米，径约2毫米，种翅上部三角状，中部宽约4毫米，种子连翅长1～1.2厘米；子叶5～7枚，针形，长约1厘米，下面无气孔线。花期4～5月，球果10月成熟。

生长环境：华北落叶松是强阳性树种，极耐寒，对土壤适应性强，但喜深厚肥沃湿润而排水良好的酸性或中性土壤，略耐盐碱；有一定的耐湿、耐旱和耐瘠薄能力。其寿命长，根系发达，有一定的萌芽能力，抗风力较强。

分布范围：我国特有树种，为华北地区高山针叶林带中的主要森林树种。分布于河北（海拔1400～1800米的承德、围场、雾灵山等）、北京（海拔1900～2500米的东灵山、西灵山和百花山等）、山西（海拔1800～2800米的五台山、芦芽山、管涔山、关帝山、恒山等高山上部地带）。常与白杆、青杆、黑桦、白桦、红桦、山杨及山柳等针阔叶树种混生，或成小面积单纯林。

◎ 13082200146——华北落叶松

位于龙潭停车场至北门的旅游路旁，树龄102年，三级古树，树高16米，胸径56.3厘米，冠幅13米×14米。

◎ 13082200186——华北落叶松

位于莲花池宾馆至龙潭停车场的旅游路旁,树龄120年,三级古树,树高12.5米,胸径58厘米,冠幅12米×13米。

◎ 13082200201——华北落叶松

位于莲花池宾馆至顶峰的旅游路旁,树龄103年,三级古树,树高15.8米,胸径50.3厘米,冠幅9米×9.3米。

◎ 13082200204——华北落叶松

位于莲花池宾馆至顶峰的旅游路旁,树龄118年,三级古树,树高14米,胸径52.5厘米,冠幅12米×13米。

◎ 13082200211——华北落叶松

位于莲花池宾馆至顶峰的旅游路旁，树龄100年，三级古树，树高6.3米，胸径28厘米，冠幅3米×6米。

◎ 13082200384——华北落叶松

位于白草洼处,树龄346年,二级古树,树高4米,胸径86厘米,冠幅8米×15米。

◎ 13082200385——华北落叶松

位于白草洼，树龄120年，三级古树，树高7米，胸径58厘米，冠幅6米×8米。

◎ 13082200388——华北落叶松

位于白草洼至仙人塔沟的路线上，树龄110年，三级古树，树高8米，胸径58.1厘米，冠幅15米×14米。

◎ 13082200577——华北落叶松（龙角松）

　　位于雾灵山顶峰之上，树龄300年，二级古树，树高3米，胸径36厘米，冠幅2米×3米。龙角松生长在五龙头的二、三龙头之间。粗大的树干在基部已经完全将石缝遮住，好像整棵松树是从岩石里直接拱出来的，因为恰好长在青龙岭龙头长犄角的位置上，故名"龙角松"。

◎ 13082200578——华北落叶松（沧桑松）

位于青龙岭的下侧入口处，树龄360年，二级古树，树高6米，胸径60厘米，冠幅4米×5米。它是从一棵地径近80厘米的落叶松的树桩上长起来的。雾灵山被划为清东陵"后龙风水禁地"的时候，这一带长满了落叶松，到1914年解禁的时候，这个树桩落叶松当时已经长成两米多粗的大树，解禁后它被砍掉，只剩下了现在的树桩。所幸的是当时人们留下了一个小小的侧枝，就是这小小的侧枝长成了现在的参天大树。这棵落叶松经历了雾灵山的封禁、解禁一直到现在360多年的历史，可以说是一棵历经沧桑的落叶松，故名"沧桑松"。

◎ 13082200579——华北落叶松（仙鹤松）

位于雾灵山顶峰之上，树龄300年，二级古树，树高3米，胸径181厘米，冠幅2米×1.5米。这棵落叶松扭曲的树干尖端已经枯死，但树干中下部仍然枝繁叶茂。从莲花池方向看，这棵松树傲然迎风挺立，如仙鹤引颈高歌，那扭曲枯死的树尖就像仙鹤的头部和颈部，中下部枝繁叶茂的枝干就像仙鹤的躯体，故名"仙鹤松"。

◎ 13082200584——华北落叶松（藏龙松）

位于雾灵山顶峰之上，树龄320年，二级古树，树高3米，胸径15厘米，冠幅3米×3米。从树冠的形状看，很像中华民族的图腾龙的龙头，在树冠的中下部，有一横生的干枯侧枝，侧枝前端弯曲而且折断，就像一条蛟龙隐藏在树冠之中，故名"藏龙松"。其实"藏龙松"还有另一个解释，从这棵藏龙松开始，慢慢把视线移向刻有"藏龙松"3个字的大石头上面，视线经过之处是一排落叶松，靠近公路边、本身就是"藏龙松"的那棵落叶松就像一个巨大的、青翠的龙头，那一排落叶松就像龙的身躯，大石头后面的落叶松就像龙尾，把这些落叶松串连起来看，就像一条青龙，腾飞于山脊之上，因此这排落叶松藏着一条活灵活现的青龙。这也许就是青龙岭的真正来历。

◎ 顶峰华北落叶松古树群

位于顶峰，面积1.26公顷，古树59株，平均树龄100年，平均树高6米，平均胸径25厘米，郁闭度0.4。它们生长在海拔2000~2100米的地带，这里青峰挺秀，白云沉浮，郁郁葱葱，景色秀丽。

蒙古栎

科属：壳斗科 栎属
学名：*Quercus mongolica* Fisch. ex Ledeb.
别名：柞树

形态特征：落叶乔木。高达30米。树皮灰褐色，纵裂。幼枝紫褐色，有棱，无毛。顶芽长卵形，微有棱，芽鳞紫褐色，有缘毛。叶片倒卵形至长倒卵形，长7~19厘米，宽3~11厘米，顶端短钝尖或短突尖，基部窄圆形或耳形，叶缘7~10对钝齿或粗齿，幼时沿脉有毛，后渐脱落，侧脉每边7~11条；叶柄长2~8毫米，无毛。雄花序生于新枝下部，长5~7厘米，花序轴近无毛，花被6~8裂，雄蕊8~10；雌花序生于新枝上端叶腋，长约1厘米，有花4~5朵，通常只1~2朵发育，花被6裂，花柱短，柱头3裂。坚果卵形至长卵形，直径1.3~1.8厘米，高2~2.3厘米，无毛，果脐微突起。花期4~5月，果期9月。

生长环境：生于海拔200~2100米的山地，在我国东北地区常生于海拔600米以下，在华北常生于海拔800米以上，常在阳坡、半阳坡形成小片纯林或与桦树等组成混交林。喜温暖湿润气候，也能耐一定寒冷和干旱。对土壤要求不严，酸性、中性或石灰岩的碱性土壤上都能生长，耐瘠薄，不耐水湿。根系发达，有很强的萌蘖性。

分布范围：分布于我国黑龙江、吉林、辽宁、内蒙古、河北、山东等地；国外分布于俄罗斯、朝鲜、日本。

◎ 13082200059——蒙古栎（柞树王）

　　位于中古院的树石奇观处，树龄415年，二级古树，树高12米，胸径71.6厘米，冠幅14米×15.6米。因其长于贫瘠的巨石之上，却存活了400余年，是雾灵山存活树龄最大的蒙古栎，故称"柞树王"。

◎ 13082200065——蒙古栎（乌龙盘石）

位于中古院的树石奇观，树龄135年，三级古树，树高11米，胸径28.7厘米，冠幅5米×5.7米。因其树根在巨石之上盘桓生长，故称"乌龙盘石"。

◎ 13082200074——蒙古栎（蛟龙探海）

位于中古院的树石奇观，树龄116年，三级古树，树高9.5米，胸径47.2厘米，冠幅10.2米×9.5米。因其树干受岩石影响，先横向生长再向上弯曲生长，故称"蛟龙探海"。

蒙古栎

◎ 13082200141——蒙古栎

位于龙潭停车场至北门的旅游路旁,树龄143年,三级古树,树高10.1米,胸径51.2厘米,冠幅8米×12米。

◎ 13082200229——蒙古栎

　　位于莲花池宾馆至仙人塔沟的旅游路旁，树龄166年，三级古树，树高13.2米，胸径52厘米，冠幅9米×7.3米。

香杨

科属：杨柳科 杨属
学名：*Populus koreana* Rehd.
别名：大青杨

形态特征：落叶乔木。高达30米，胸径1～1.5米。树冠广圆形。树皮幼时灰绿色，光滑；老时暗灰色，具深沟裂。小枝圆柱形，粗壮，带黄红褐色，初时有黏性树脂，具香气，完全无毛。芽大，长卵形或长圆锥形，先端渐尖，栗色或淡红褐色，富黏性，具香气。短枝叶椭圆形、椭圆状长圆形、椭圆状披针形及倒卵状椭圆形，长9～12厘米，先端钝尖，基部狭圆形或宽楔形，边缘具细的腺圆锯齿，上面暗绿色，有明显皱纹，下面带白色或稍呈粉红色；叶柄长1.5～3厘米，先端有短毛；长枝叶窄卵状椭圆形、椭圆形或倒卵状披针形，长5～15厘米，宽8厘米或更宽，基部多为楔形，叶柄长0.4～1厘米。雄花序长3.5～5厘米；苞片近圆形或肾形，雄蕊10～30，花药暗紫色；雌花序长3.5厘米，无毛。蒴果绿色，卵圆形，无柄，无毛，2～4瓣裂。花期4月下旬至5月，果期6月。

生长环境：垂直分布多在海拔400～1600米。喜光，喜冷湿；多生于河岸、溪边谷地，常与红松混生或生于阔叶树林中。

分布范围：分布于我国河北、内蒙古、辽宁、吉林、黑龙江和山东；国外主要分布于俄罗斯东部和朝鲜。

香杨

◎ 13082200092——古香杨（京东第一香杨）

　　位于龙潭停车场至北门的旅游路旁，树龄600年，一级古树，树高14米，胸径200厘米，冠幅15米×14.7米。因其是雾灵山最古老的一棵大杨树，在京东香杨中实属罕见，故称"京东第一香杨"。古香杨胸围直径2米，6个人才能合抱，古老的树干已经空心，形成的树洞可容纳3人。从树洞向上看，可以一直看到天空。树干一共有18个较大的树杈，形成一道简单的乘法算术题"三六十八"，又称"六楼十八杈"。

　　说起这棵大杨树，它与姜子牙有着渊源。相传姜子牙早先在雾灵山修行。这一日，姜子牙在路上看见一个白胡子老头跌倒在路边深沟里，浑身是血，便不顾一切跳下去，把老头背上来，扯下衣襟包扎伤口。老头很感激，对姜子牙说："你对我恩重如山，不知怎么报答才好？"姜子牙连忙说："出门在外都是兄弟朋友，有话相商，遇事相帮，乃人之本分。"老头听了更是佩服，神秘地在姜子牙的耳边说："我大哥叫胡大仙，就住在雾灵金山下那棵大杨树那儿。"姜子牙听糊涂了，奇怪地问："大杨树那儿我常来常往，哪有什么胡大仙啊？""有的，有的。"老头说，"大杨树跟前有一根白骨，你要有啥困难，就用白骨敲三下树，他一定帮你忙。"姜子牙再想问啥，一转脸，老头没影了，姜子牙非常奇怪。有一天，姜子牙见一妇人慌慌张张地跑过来，他迎上去一问才知道，这妇人掏钱买东西时发现钱不见了，她环顾四周，除了卖给她东西的店主外再没别人，当时只有一阵旋风从身边刮过。姜子牙问清后，不由得联想到这阵子出现的种种怪事，忽然想起白胡子老头说的话，决定马上去试试。姜子牙果然找到了胡大仙。胡大仙听罢说："我二弟去朝歌时要我关照你。今天的事是我干的，多有得罪，那钱我如数奉还。"姜子牙告辞后忙去找那妇人，再看妇人衣袋里钱分文不少。这么一来，姜子牙的名声在雾灵山一带就更响了。后来，人们一遇到这样的事就求姜子牙，姜子牙也乐于助人。可一而再再而三，胡大仙就不高兴了，他对姜子牙说："你的事我管，你亲门近侄的事我也管，可旁人的事就不能再管喽，我家大小几十口，也要吃饭穿衣呀！"姜子牙听罢十分气愤，跟胡大仙说理，劝他改邪归正，自食其力。这可把胡大仙气恼了，眼一瞪："姜子牙呀姜子牙，要不是看在我二弟的情分上，我压根就不搭理你，一个臭百姓，竟敢来仙家门口耍嘴！"他一脚就把姜子牙蹬了出去。等姜子牙爬起来，再也找不到胡大仙的大门了。从此以后，胡大仙更加猖狂，雾灵山一带不知有多少人被弄得倾家荡产。姜子牙决心除掉胡大仙，眼睛一转，计上心来。他对雾灵山一带的老百姓说："胡大仙是嫌他的生活过不下去，才来跟我们借钱的。只要咱们去给他送油、送柴火，烧香求他，他就不再为难咱了。"大家一听，都争先恐后往大杨树下送柴火、送油，一连几天几夜，油罐和柴禾都快把树下堆成山了，然后大家都来烧香祷告。姜子牙趁乱把油全部倒在大杨树上，放起一把大火，霎时，火光冲天。火光之上现出一只狐狸，正是胡大仙。他咬牙切齿地对下面喊："姜子牙呀姜子牙，你一把火烧死我九九八十一口，还烧掉我五百年的道行，我跟你没完。"说罢，一溜烟奔朝歌而去。此后，雾灵山一带，平安无事。姜子牙声名远播，由雾灵山传到昆仑山。元始天尊闻听便收他为徒，命其兴周伐纣，分封诸神。到了封神那天，大杨树找来了，要姜子牙给它封个位，它说："你为民除害是好事，可是那场火把我烧成了空桶子，恐怕不久就要死去。"姜子牙被缠得没办法，随口说："那不碍事，我封你永远这样，死不了。"从此以后，大杨树果然是树干空洞，同时能容纳几个人在里边，整棵树翠绿葱郁地活了下来。

◎ 13082200100——香杨

位于龙潭停车场至北门的旅游路旁,树龄280年,三级古树,树高13.8米,胸径90厘米,冠幅16米×12米。

◎ 13082200102——香杨

　　位于龙潭停车场至北门的旅游路旁，三级古树，树龄186年，树高15米，胸径74厘米，冠幅11米×10米。

◎ 13082200104——香杨

位于龙潭停车场至北门的旅游路旁，树龄161年，三级古树，树高12米，胸径80厘米，冠幅15米×16米。

香杨

◎ 13082200108——香杨

位于龙潭停车场至北门的旅游路旁，树龄135年，三级古树，树高12.5米，胸径46.4厘米，冠幅9.3米×8.2米。

◎ 13082200113——香杨

位于龙潭停车场至北门的旅游路旁,树龄180年,三级古树,树高14.1米,胸径80厘米,冠幅14米×10米。

◎ 13082200119——香杨

位于龙潭停车场至北门的旅游路旁,树龄150年,三级古树,树高12.1米,胸径68厘米,冠幅13米×9米。

◎ 13082200126——香杨

　　位于龙潭停车场至北门的旅游路旁，树龄132年，三级古树，树高14.3米，胸径62厘米，冠幅11米×12米。

◎ 13082200127——香杨

位于龙潭停车场至北门的旅游路旁,树龄161年,三级古树,树高15.8米,胸径70厘米,冠幅10.3米×12.4米。

◎ 13082200134——香杨

位于龙潭停车场至北门的旅游路旁,树龄105年,三级古树,树高12.8米,胸径52厘米,冠幅10米×8米。

◎ 13082200221——香杨

位于莲花池宾馆至仙人塔沟的路线上，树龄140年，三级古树，树高10.3米，胸径66厘米，冠幅12米×5.7米。

◎ 13082200255——香杨

位于龙潭停车场至北门的旅游路旁，树龄215年，三级古树，树高16.2米，胸径78厘米，冠幅8米×7米。

◎ 13082200318——香杨

位于龙潭停车场至西门的旅游路旁,树龄125年,三级古树,树高13米,胸径63厘米,冠幅14米×8米。

◎ 13082200320——香杨

位于龙潭停车至到西门的旅游路旁，树龄150年，三级古树，树高10米，胸径68厘米，冠幅6米×5米。

◎ 十八潭香杨古树群

位于十八潭，面积0.23公顷，古树7株，平均树龄94年，平均树高14米，平均胸径53厘米，郁闭度0.7。它们生长在溪水两旁，形态各异，枝繁叶茂，与潺潺流水构成一幅和谐美丽的画卷。

香杨

山杨

科属:杨柳科 杨属
学名:*Populus davidiana* Dode
别名:大叶杨

形态特征:乔木。高达25米,胸径约60厘米。树皮光滑,灰绿色或灰白色,老树基部黑色粗糙。树冠圆形。小枝圆筒形,光滑,赤褐色,萌枝被柔毛。芽卵形或卵圆形,无毛,微有黏质。叶三角状卵圆形或近圆形,长宽近等,长3~6厘米,先端钝尖、急尖或短渐尖,基部圆形、截形或浅心形,边缘有密波状浅齿,发叶时显红色;萌枝叶大,三角状卵圆形,下面被柔毛;叶柄侧扁,长2~6厘米。花序轴有疏毛或密毛;苞片棕褐色,掌状条裂,边缘有密长毛;雄花序长5~9厘米,雄蕊5~12,花药紫红色;雌花序长4~7厘米;子房圆锥形,柱头2深裂,带红色。果序长达12厘米;蒴果卵状圆锥形,长约5毫米,有短柄,2瓣裂。花期3~4月,果期4~5月。

生长环境:山杨多生于山坡、山脊和沟谷地带,常形成小面积纯林或与其他树种形成混交林。为强阳性树种,耐寒冷,耐干旱瘠薄土壤,在微酸性至中性土壤皆可生长,适于山腹以下排水良好的肥沃土壤。天然更新能力强,在东北及华北常于老林被破坏后与桦木类混生或成纯林,形成天然次生林。

分布范围:分布于我国黑龙江、内蒙古、吉林及华北、西北、华中和西南高山地区,垂直分布自东北低山海拔1200米以下到青海2600米以下,在湖北(西部)、四川(中部)和云南分布于海拔2000~3800米;国外主要分布于俄罗斯(东部)、朝鲜。

| 山杨 |

◎ 13082200294——山杨

位于中古院的十八潭,树龄123年,三级古树,树高11.7米,胸径72厘米,冠幅13米×11.9米。

◎ 13082200303——山杨

　　位于龙潭停车场至西门的旅游路旁，树龄119年，三级古树，树高16米，胸径53厘米，冠幅8米×6米。

◎ 13082200326——山杨

位于龙潭停车场至西门的旅游路旁，树龄132年，三级古树，树高9米，胸径51.1厘米，冠幅11米×8米。

元宝槭

科属：无患子科 槭属
学名：*Acer truncatum* Bunge
别名：五角枫

形态特征： 落叶乔木。高8-10米。树皮灰褐色或深褐色，深纵裂。小枝无毛，当年生枝绿色，多年生枝灰褐色，具圆形皮孔。冬芽小，卵圆形；鳞片锐尖，外侧微被短柔毛。叶纸质，长5～10厘米，宽8～12厘米，常5裂，稀7裂，基部截形，稀近于心脏形；裂片三角卵形或披针形，先端锐尖或尾状锐尖，边缘全缘，长3～5厘米，宽1.5～2厘米，有时中央裂片的上段再3裂；裂片间的凹缺锐尖或钝尖，上面深绿色，无毛，下面淡绿色，嫩时脉腋被丛毛，其余部分无毛，渐老的全部无毛；主脉5条，在上面显著，在下面微凸起；叶柄长3～5厘米，稀达9厘米，无毛，稀嫩时顶端被短柔毛。花期4月，伞房花序顶生；雄花与两性花同株；萼片5，黄绿色；花瓣5，黄色或白色，矩圆状倒卵形；雄蕊8，着生于花盘内缘。果期8月，小坚果果核扁平，脉纹明显，基部平截或稍圆，翅矩圆形，常与果核近等长，两翅成钝角。

生长环境： 生于海拔400～2000米疏林中。在华北海拔1000～1800米山区中，常与白桦、山杨等混生，为第二层林木或组成小片纯林。幼苗幼树耐阴性较强，大树耐侧方遮阴，在混交林中常为下层林木。根系发达，抗风力较强，喜深厚肥沃土壤，在酸性、中性或钙质土上均能生长。喜阳光充足的环境，但怕高温暴晒，又怕下午西射强光，稍耐阴。能抗-25摄氏度左右的低温，耐旱，忌水涝。生长较慢。

分布范围： 分布于我国吉林、辽宁、内蒙古、河北、山西、山东、江苏（北部）、河南、陕西及甘肃等地；国外分布于美国、日本和朝鲜半岛等地。

元宝槭

◎ 13082200137——元宝槭

位于龙潭停车场至北门的旅游路旁,树龄116年,三级古树,树高9.3米,胸径40.3厘米,冠幅10米×9.6米。

◎ 13082200214——元宝槭

位于莲花池宾馆至仙人塔沟的旅游路旁,树龄153年,三级古树,树高6.3米,胸径45.3厘米,冠幅6.8米×5米。

◎ 13082200256——元宝槭

位于龙潭停车场至北门的旅游路旁,树龄223年,三级古树,树高8.1米,胸径52厘米,冠幅6米×7.2米。

◎ 13082200263——元宝槭

位于中古院的十八潭，树龄114年，三级古树，树高11米，胸径40厘米，冠幅9米×5.2米。

◎ 13082200308——元宝槭

　　位于龙潭停车场至西门的旅游路旁，树龄138年，三级古树，树高8米，胸径43.4厘米，冠幅14米×11米。

◎ 13082200319——元宝槭

　　位于龙潭停车场至西门的旅游路旁，树龄136年，三级古树，树高11米，胸径41.8厘米，冠幅13米×10米。

◎ 13082200398——元宝槭

位于白草洼,树龄230年,三级古树,树高10米,胸径52.6厘米,冠幅13米×12米。

◎ 13082200401——元宝槭

位于白草洼至仙人塔沟的路线上,树龄729年,一级古树,树高10米,胸径73.3厘米,冠幅16米×13米。

◎ 仙人塔沟——莲花池宾馆元宝槭古树群

　　面积1.32公顷，古树11株，平均树龄120年，平均树高3米，平均胸径105厘米，郁闭度0.1。这些古树生长在海拔1549~1670米的悬崖峭壁之上，根系扎于岩石裂缝之中。元宝槭树叶的颜色随季节的变换而变化，为峭壁增添了一抹亮丽的色彩。

元宝槭

胡桃楸

科属：胡桃科 胡桃属
学名：*Juglans mandshurica* Maxim.
别名：山核桃

形态特征：乔木。高达20余米。枝条扩展，树冠扁圆形。树皮灰色，具浅纵裂。幼枝被有短茸毛。奇数羽状复叶长40～50厘米，小叶15～23，椭圆形、长椭圆形、卵状椭圆形或长椭圆状披针形，具细锯齿，上面初疏被短柔毛，后仅中脉被毛，下面被平伏柔毛及星状毛，侧生小叶无柄，先端渐尖，基部平截或心形。花期5月，雄葇荑花序长9～20厘米，花序轴被短柔毛；雄蕊常12，药隔被灰黑色细柔毛；雌穗状花序具4～10花，花序轴被茸毛。果期8～9月，果序长10～15厘米，俯垂，具5～7果；果球形、卵圆形或椭圆状卵圆形，顶端尖，密被腺毛，长3.5～7.5厘米；果核长2.5～5厘米，具8纵棱，2条较显著，棱间具不规则皱曲及凹穴，顶端具尖头。

生长环境：喜光，在土层深厚、肥沃、排水良好的山中下腹或河岸腐殖质多的湿润疏松土地上生长良好，在过于干燥或常年积水过湿的立地条件下，则生长不良。性耐寒，能耐-40摄氏度的严寒。根蘖和萌芽能力强，不耐庇荫。多生于土质肥厚、湿润、排水良好的沟谷两旁或山坡的阔叶林中。

分布范围：分布于我国黑龙江、吉林、辽宁、内蒙古、山西、河南、河北等地；国外分布于朝鲜、俄罗斯、日本等地。

◎ 13082200165——胡桃楸

位于中古院，树龄270年，三级古树，树高8米，胸径58.5厘米，冠幅18米×22米。

◎ 13082200267——胡桃楸

位于中古院的十八潭,树龄132年,三级古树,树高8.4米,胸径63厘米,冠幅13.5米×12米。

◎ 13082200283——胡桃楸

位于中古院的十八潭，树龄132年，三级古树，树高12米，胸径48.6厘米，冠幅13米×14米。

◎ 13082200288——胡桃楸

位于中古院的十八潭,树龄179年,三级古树,树高11.2米,胸径52厘米,冠幅14米×15米。

◎ 十八潭胡桃楸古树群

面积4.88公顷,古树214株,平均树龄102年,平均树高13.2米,平均胸径45厘米,郁闭度0.5。这些古树生长在海拔1075~1175米处,这里胡桃楸遮天蔽日,树下有潺潺流水,山石、古树和流水等构成了美丽的画卷。

胡桃楸

坚桦

坚桦

科属：桦木科 桦木属
学名：*Betula chinensis* Maxim.
别名：无

形态特征：灌木或小乔木。高2~5米。树皮黑灰色，纵裂或不开裂。枝条灰褐色或灰色；小枝密被长柔毛。叶厚纸质，卵形、宽卵形，较少椭圆形或矩圆形，长1.5~6厘米，宽1~5厘米，顶端锐尖或钝圆，基部圆形，有时为宽楔形，边缘具不规则的齿牙状锯齿；侧脉8~10对；叶柄长2~10毫米。果序单生，直立或下垂，通常近球形，长1~2厘米，直径6~15毫米；序梗极不明显，长1~2毫米；果苞长5~9毫米，基部楔形，上部具3裂片，裂片通常反折，或仅中裂片顶端微反折，中裂片披针形至条状披针形，顶端尖，侧裂片卵形至披针形，斜展；小坚果宽倒卵形，长2~3毫米，宽1.5~2.5毫米，疏被短柔毛，具极狭的翅。

生长环境：生于海拔400~900米的山坡、山脊、石山坡及沟谷等的林中。

分布范围：分布于我国东北、河北、山西、山东、河南、陕西、甘肃；国外分布于朝鲜、日本、俄罗斯(远东地区)。

坚桦

◎ 13082200182——坚桦

　　位于莲花池宾馆至龙潭停车场的旅游路旁，树龄135年，三级古树，树高11米，胸径28.7厘米，冠幅5米×5.7米。

◎ 13082200258——坚桦

位于中古院的树石奇观,树龄106年,三级古树,树高8.8米,胸径45.6厘米,冠幅8米×6米。

◎ 13082200259——坚桦

位于中古院的树石奇观,树龄166年,三级古树,树高9米,胸径54厘米,冠幅6米×8米。

硕桦

科属：桦木科 桦木属
学名：*Betula costata* Trautv.
别名：枫桦

形态特征：落叶乔木。高可达30余米。树皮黄褐色或暗褐色，层片状剥裂，枝条红褐色，无毛。小枝褐色，密生黄色树脂状腺体，多少有毛。叶厚纸质，卵形或长卵形，长3.5～7厘米，宽1.5～4.5厘米，顶端渐尖至尾状渐尖，基部圆形或近心形，边缘具细尖重锯齿，上面幼时被毛，下面具或疏或密的腺点，沿脉疏被长柔毛，脉腋间具密髯毛，侧脉9～16对；叶柄长8～20毫米，疏被短柔毛或无毛。果序单生，直立或下垂，矩圆形，长1.5～2厘米，直径约1厘米；序梗长2～5毫米，疏被短柔毛及树脂腺体；果苞长5～8毫米，除边缘具纤毛外，其余无毛，中裂片长矩圆形，顶端钝，侧裂片矩圆形或近圆形，顶端圆，微开展或近直立，长仅及中裂片的1/3；小坚果倒卵形，长约2.5毫米，无毛，膜质翅宽仅为果的1/2。

生长环境：多生于海拔600～2400米的山坡或散生于针叶阔叶混交林中。

分布范围：分布于我国河北和东北地区；国外主要分布于俄罗斯。

硕桦

◎ 13082200205——硕桦

位于莲花池宾馆至主峰的旅游路旁，树龄103年，三级古树，树高13米，胸径45厘米，冠幅12.5米×13.8米。

◎ 13082200216——硕桦

位于莲花池宾馆至仙人塔沟的旅游路旁，树龄113年，三级古树，树高11米，胸径46.8厘米，冠幅13米×13米。

◎ 13082200402——硕桦

位于白草洼至仙人塔沟的路线上,树龄257年,三级古树,树高11米,胸径62.7厘米,冠幅12米×8米。

◎ 13082200404——硕桦

位于白草洼至仙人塔沟的路线上,树龄148年,三级古树,树高11米,胸径52.2厘米,冠幅14米×13米。

◎ 13082200408——硕桦

位于白草洼至仙人塔沟的路线上,树龄117年,三级古树,树高11.5米,胸径47.5厘米,冠幅8米×10米。

◎ 13082200409——硕桦

位于白草洼至仙人塔沟的路线上,树龄162年,三级古树,树高13.5米,胸径53.5厘米,冠幅13米×14米。

◎ 13082200425——硕桦

位于白草洼至仙人塔沟的路线上，树龄158年，三级古树，树高11米，胸径53.5厘米，冠幅15米×12米。

硕桦

◎ 白草洼硕桦古树群

面积0.20公顷，古树15株，平均树龄127年，平均树高10.8米，平均胸径50厘米，郁闭度0.5。

白桦

白桦

科属：桦木科 桦木属
学名：*Betula platyphylla* Suk.
别名：粉桦、桦树

形态特征：乔木。高可达27米。树皮灰白色，层层剥裂。枝条暗灰色或暗褐色，无毛，具或疏或密的树脂腺体或无；小枝暗灰色或褐色，无毛，也无树脂腺体，有时疏被毛和疏生树脂腺体。叶厚纸质，三角状卵形、三角状菱形或三角形，少有菱状卵形和宽卵形，长3~9厘米，宽2~7.5厘米，顶端锐尖、渐尖至尾状渐尖，基部截形，宽楔形或楔形，有时微心形或近圆形，边缘具重锯齿，有时具缺刻状重锯齿或单齿，上面于幼时疏被毛和腺点，成熟后无毛无腺点，下面无毛，密生腺点，侧脉5~7（~8）对；叶柄细瘦，长1~2.5厘米，无毛。果序单生，圆柱形或矩圆状圆柱形，通常下垂，长2~5厘米，直径6~14毫米。小坚果狭矩圆形、矩圆形或卵形，长1.5~3毫米，宽1~1.5毫米，背面疏被短柔毛，膜质翅较果长1/3，较少与之等长，与果等宽或较果稍宽。

生长环境：生于海拔400~4100米的山坡或林中，适应性强，分布甚广，尤喜湿润土壤，为次生林的先锋树种。中国大、小兴安岭及长白山均有成片纯林，在华北平原和黄土高原山区、西南山地也为阔叶落叶林及针叶阔叶混交林中的常见树种。喜光，不耐阴，耐严寒。对土壤适应性强，喜酸性土，沼泽地、干燥阳坡及湿润阴坡都能生长。深根性，耐瘠薄，常与红松、落叶松、山杨、蒙古栎混生或成纯林。

分布范围：分布于我国东北、华北及河南、陕西、宁夏、甘肃、青海、四川、云南、西藏（东南部）；国外分布于俄罗斯（远东地区及东西伯利亚）、蒙古（东部）、朝鲜（北部）、日本。

| 白桦

◎ 13082200260——白桦

位于十八潭，树龄91年，树高16.2米，胸径49.7厘米，冠幅12米×11米。

◎ 13082200315——白桦

位于龙潭停车场至西门的旅游路旁,树龄105年,三级古树,树高14.8米,胸径53厘米,冠幅10米×13米。

◎ 13082200369——白桦

位于白草洼，树龄244年，三级古树，树高7.2米，胸径73厘米，冠幅14米×16米。

| 白桦 |

裂叶榆

裂叶榆

科属：榆科 榆属
学名：*Ulmus laciniata* (Trautv.) Mayr
别名：青榆

形态特征：落叶乔木。高达27米，胸径50厘米。树皮淡灰褐色或灰色，浅纵裂，裂片较短，常翘起，表面常呈薄片状剥落。一年生枝幼时被毛，后变无毛或近无毛；二年生枝淡褐灰色、淡灰褐色或淡红褐色；小枝无木栓翅。冬芽卵圆形或椭圆形，内部芽鳞毛较明显。叶倒卵形、倒三角形、倒三角状椭圆形或倒卵状长圆形，长7～18厘米，宽4～14厘米，先端通常3～7裂，裂片三角形，渐尖或尾状，不裂之叶先端具或长或短的尾状尖头，基部明显地偏斜，楔形、微圆、半心脏形或耳状，较长的一边常覆盖叶柄，与柄近等长，其下端常接触枝条，边缘具较深的重锯齿；叶面密生硬毛，粗糙，叶背被柔毛，沿叶脉较密，脉腋常有簇生毛；侧脉每边10～17条；叶柄极短，长2～5毫米，密被短毛或下面的毛较少。花在去年生枝上排成簇状聚伞花序。翅果椭圆形或长圆状椭圆形，长1.5～2厘米，宽1～1.4厘米，除顶端凹缺柱头面被毛外，余处无毛，果核部分位于翅果的中部或稍向下，宿存花被无毛，钟状，常5浅裂，裂片边缘有毛，果梗常较花被为短，无毛。花果期4～5月。

生长环境：多生于海拔700～2200米排水良好湿润的山坡、谷地、溪边，混生在林内。其适应性强，耐盐碱，耐寒，喜光，稍耐阴，较耐干旱瘠薄。在土壤深厚、肥沃、排水良好的地方生长良好。

分布范围：分布于我国黑龙江、吉林、辽宁、内蒙古、河北、陕西、山西、河南；国外分布于俄罗斯、朝鲜和日本。

◎ 13082200237——裂叶榆

位于莲花池宾馆至仙人塔沟的旅游路旁，树龄100年，三级古树，树高16.2米，胸径47厘米，冠幅14米×13.2米。

◎ 13082200240——裂叶榆

位于莲花池宾馆至仙人塔沟的旅游路旁,树龄139年,三级古树,树高11米,胸径54厘米,冠幅12米×13米。

◎ 13082200418——裂叶榆

位于白草洼,树龄149年,三级古树,树高11米,胸径55.5厘米,冠幅14米×10米。

◎ 白草洼裂叶榆古树群

　　面积0.06公顷,古树8株,平均树龄110年,平均树高9米,平均胸径48厘米,郁闭度0.7。生长在海拔1744～1760米的阳坡,长势良好。

黄檗

黄檗

科属：芸香科 黄檗属
学名：*Phellodendron amurense* Rupr.
别名：黄柏

形态特征： 落叶乔木。树高10～20米，大树高达30米，胸径1米。枝扩展，成年树的树皮有厚木栓层，浅灰色或灰褐色，深沟状或不规则网状开裂，内皮薄，鲜黄色，味苦，黏质，小枝暗紫红色，无毛。叶轴及叶柄均纤细，有小叶5～13片，小叶薄纸质或纸质，卵状披针形或卵形，长6～12厘米，宽2.5～4.5厘米，顶部长渐尖，基部阔楔形，一侧斜尖，或圆形，叶缘有细钝齿和缘毛；叶面无毛或中脉有疏短毛，叶背仅基部中脉两侧密被长柔毛；秋季落叶前叶色由绿转黄而明亮，毛被大多脱落。花序顶生；萼片细小，阔卵形，长约1毫米；花瓣紫绿色，长3～4毫米；雄花的雄蕊比花瓣长，退化雌蕊短小。果圆球形，径约1厘米，蓝黑色，通常有5～8(～10)浅纵沟，干后较明显；种子通常5粒。花期5～6月，果期9～10月。

生长环境： 多生于山地杂木林中或山区河谷沿岸。适应性强，喜阳光，耐严寒，宜于平原或低丘陵坡地、路旁、住宅旁及溪河附近水土较好的地方种植。主要分布区位于寒温带针叶林区和温带针叶阔叶混交林区，为湿润型季风气候，冬夏温差大，冬季长而寒冷，极端最低温约-40摄氏度，夏季较热，年降水量400～800毫米。阳性树种，根系发达，萌发能力较强，能在空旷地更新，而林冠下更新不良。

分布范围： 分布于我国河南、安徽（北部）、宁夏和内蒙古等地；国外分布于朝鲜、日本、俄罗斯（远东地区）。

◎ 13082200271——黄檗

位于中古院的十八潭,树龄130年,三级古树,树高14.3米,胸径49厘米,冠幅11.7米×8米。

花楸树

花楸树

科属：蔷薇科 花楸属
学名：*Sorbus pohuashanensis* (Hance) Hedl.
别名：马加木、山槐子

形态特征：落叶乔木。高达8米。小枝粗壮，圆柱形，灰褐色，具灰白色细小皮孔；嫩枝具绒毛，逐渐脱落，老时无毛。冬芽长大，长圆卵形，先端渐尖，具数枚红褐色鳞片，外面密被灰白色绒毛。奇数羽状复叶，连叶柄在内长12～20厘米，叶柄长2.5～5厘米；小叶片5～7对，间隔1～2.5厘米，基部和顶部的小叶片常稍小，卵状披针形或椭圆状披针形，长3～5厘米，宽1.4～1.8厘米，先端急尖或短渐尖，基部偏斜圆形，边缘有细锐锯齿，基部或中部以下近于全缘，上面具稀疏绒毛或近于无毛，下面苍白色，有稀疏或较密集绒毛，间或无毛，侧脉9～16对，在叶边稍弯曲，下面中脉显著突起；叶轴有白色绒毛，老时近于无毛；托叶草质，宿存，宽卵形，有粗锐锯齿。复伞房花序具多数密集花朵，总花梗和花梗均密被白色绒毛，成长时逐渐脱落；花梗长3～4毫米；花直径6～8毫米；萼筒钟状，外面有绒毛或近无毛，内面有绒毛；萼片三角形，先端急尖，内外两面均具绒毛；花瓣宽卵形或近圆形，长3.5～5毫米，宽3～4毫米，先端圆钝，白色，内面微具短柔毛；雄蕊20，几与花瓣等长；花柱3，基部具短柔毛，较雄蕊短。果实近球形，直径6～8毫米，红色或橘红色，具宿存闭合萼片。花期6月，果期9～10月。

生长环境：常生于海拔900～2500米的山坡或山谷杂木林内。

分布范围：分布于我国黑龙江、吉林、辽宁、内蒙古、河北、山西、甘肃、山东等地；国外分布于韩国和俄罗斯（远东地区）等北半球温带地域。

花楸树

◎ 13082200371——花楸树

位于白草洼，树龄127年，三级古树，树高5.8米，胸径69厘米，冠幅9.7米×8.2米。

白杆

白杆

科属：松科 云杉属
学名：*Picea meyeri* Rehder et E. H. Wilson
别名：毛枝云杉

形态特征：乔木。株高可达30米，胸径约60厘米。树皮灰褐色，裂成不规则的薄块片脱落。大枝近平展，树冠塔形；小枝有密生或疏生短毛或无毛；一年生枝黄褐色，二、三年生枝淡黄褐色、淡褐色或褐色，基部宿存芽鳞反曲。冬芽圆锥形，间或侧芽成卵状圆锥形，黄褐色或褐色，微有树脂，光滑无毛，基部芽鳞有背脊，上部芽鳞的先端常微向外反曲，小枝基部宿存芽鳞的先端微反卷或开展。主枝之叶常辐射伸展，侧枝上面之叶伸展，两侧及下面之叶向上弯伸，四棱状条形，微弯曲，长1.3~3厘米，宽约2毫米，先端钝尖或钝，横切面四棱形，四面有粉白色气孔线，上面6~7条，下面4~5条。球果成熟前绿色，熟时褐黄色，矩圆状圆柱形，长6~9厘米；中部种鳞倒卵形，长约1.6厘米，宽约1.2厘米，先端圆或钝三角形，下部宽楔形或微圆，鳞背露出部分有条纹；种子倒卵圆形，长约3.5毫米，种翅淡褐色，倒宽披针形，连种子长约1.3厘米。花期4月，球果9月下旬至10月上旬成熟。

生长环境：喜空气湿润的环境，较耐阴、耐寒。常生于海拔1600~2700米的气温较低、雨量及湿度较平原高、土壤为灰色或棕色森林土的地带。常组成以白杆为主的针叶阔叶混交林。常见的伴生树种有青杆、华北落叶松、臭冷杉、黑桦、红桦、白桦及山杨等。

分布范围：原产于我国，为我国特有树种，分布于山西（五台山区、管涔山区、关帝山）、河北（小五台山区、雾灵山区、北戴河）、内蒙古（西乌珠穆沁旗）、北京、辽宁（兴城）、河南（安阳）等地。

雾灵山 古树名木

白杄

◎ 13082200191——白杆

位于莲花池宾馆至龙潭停车场的旅游路旁，树龄106年，三级古树，树高16.5米，胸径39厘米，冠幅8米×9米。

白杆

◎ 13082200389——白杆

位于白草洼，树龄96年，树高9米，胸径37.2厘米，冠幅13米×12.7米。

青杆

青杆

科属：松科 云杉属
学名：*Picea wilsonii* Mast.
别名：华北云杉

形态特征： 乔木。高达50米，胸径达1.3米。树皮灰色或暗灰色，裂成不规则鳞状块片脱落。枝条近平展，树冠塔形。一年生枝淡黄绿色或淡黄灰色，无毛，稀有疏生短毛，二、三年生枝淡灰色、灰色或淡褐灰色。冬芽卵圆形，无树脂，芽鳞排列紧密，淡黄褐色或褐色，先端钝，背部无纵脊，光滑无毛，小枝基部宿存芽鳞的先端紧贴小枝。叶排列较密，在小枝上部向前伸展，小枝下面之叶向两侧伸展，四棱状条形，直或微弯，较短，通常长0.8～1.3（～1.8）厘米，宽1.2～1.7毫米，先端尖，横切面四棱形或扁菱形，四面各有气孔线4～6条，微具白粉。球果卵状圆柱形或圆柱状长卵圆形，顶端钝圆，长5～8厘米，熟前绿色，熟时黄褐色或淡褐色；中部种鳞倒卵形，长1.4～1.7厘米，宽1～1.4厘米，种鳞上部圆形或急尖，或呈钝三角状，背面无明显的条纹。种子倒卵圆形，长3～4毫米，连翅长1.2～1.5厘米。

生长环境： 在气候温凉，土壤湿、深厚、排水良好的微酸性地带生长良好。适应性较强，生长缓慢，为我国产云杉属中分布较广的树种之一。

分布范围： 我国特有树种，分布于内蒙古、河北、山西、陕西（南部）、湖北（西部海拔1600～2200米）、甘肃（中部及南部洮河与白龙江流域海拔2200～2600米）、青海（东部海拔2700米）、四川（东北部及北部岷江流域上游海拔2400～2800米）地带，常成单纯林或与其他针叶树、阔叶树树种混生成林。

◎ 13082200188——青杆

位于莲花池宾馆至龙潭停车场的旅游路旁，树龄180年，三级古树，树高14.7米，胸径48厘米，冠幅9米×10米。

◎ 13082200230——青杆

位于莲花池宾馆到仙人塔沟的旅游路旁，树龄275年，三级古树，树高15米，胸径55.3厘米，冠幅14米×15米。

◎ 13082200395——青杆

位于白草洼,树龄106年,三级古树,树高12米,胸径39厘米,冠幅6米×8米。

◎ 13082200432——青杆（忍者）

位于莲花池下方旅游路旁的山岩上，树龄308年，二级古树，树高1.5米，胸径15.2厘米，冠幅0.9米×0.9米。生在巨石岩缝之中，植株矮小，孤立单薄，虽貌不惊人，却也已经有了300余年树龄。它寄居石缝，没有肥沃的土壤，没有充足的水分，却有顽强的生命力，把根深深地扎在石头缝里，靠微薄的养分和上苍赏赐的几滴甘露顽强生活、傲然挺立。经受了300余年的风吹雨打，忍受了300余年的清贫疾苦，经历了300余年的世俗沧桑，向世人证明了生命的顽强和世事的艰辛，留给人们一种顽强的毅力和忍耐的精神。这就是人们说的"小者而大忍"也，故名"忍者"。

参考文献

孙建国, 丁泽斌, 孙伟, 等. 地方古树资源保护问题及保护性管理研究[J]. 现代农业研究, 2024, 30(01): 123–125.

孙建国, 马小欣, 丁泽斌, 等. 雾灵山自然保护区古树名木资源调查与保护研究[J]. 农业灾害研究, 2024, 14(01): 244–246+249.

孙建国, 项亚飞, 张希军, 等. 雾灵山——京东之首, 燕山之最[M]. 北京: 台海出版社, 2011.

王江, 牟广泽. 承德古树名木[M]. 北京: 中国林业出版社, 2021.

武国堂, 白顺江, 刘建智, 等. 河北古树名木[M]. 石家庄: 河北科学技术出版社, 2008.

中国高等植物彩色图鉴编辑委员会. 中国高等植物彩色图鉴[M]. 北京: 科学出版社, 2016.

中国科学院中国植物志编辑委员会. 中国植物志: 第二十二卷[M]. 北京: 科学出版社, 1998.

中国科学院中国植物志编辑委员会. 中国植物志: 第二十卷第二分册[M]. 北京: 科学出版社, 1984.

中国科学院中国植物志编辑委员会. 中国植物志: 第二十一卷[M]. 北京: 科学出版社, 1979.

中国科学院中国植物志编辑委员会. 中国植物志: 第七卷[M]. 北京: 科学出版社, 1978.

中国科学院中国植物志编辑委员会. 中国植物志: 第四十六卷[M]. 北京: 科学出版社, 1981.

中国科学院中国植物志编辑委员会. 中国植物志: 第四十三卷第二分册[M]. 北京: 科学出版社, 1979.